AF509271

PROPAGATION DU PHYLLOXERA

APERÇU

SUR

LES RÉSULTATS PRATIQUES

Obtenus dans les essais faits à Las-Sorres

PAR

Henri MARÈS

Correspondant de l'Institut, Secrétaire perpétuel de la Société centrale d'Agriculture
de l'Hérault ; Membre de la Chambre consultative d'Agriculture de Montpellier et
de l'Académie des Sciences et Lettres de Montpellier ; Membre correspondant de la
Société impériale et centrale d'Agriculture de France ; de la Société des Sciences,
Agriculture et Belles-Lettres de Perpignan ; de la Société des Sciences, Agriculture
et Lettres de Montauban ; de la Société d'Agriculture des Bouches-du-Rhône ; du
Comice agricole de Toulon, etc., etc.

MONTPELLIER

TYPOGRAPHIE DE PIERRE GROLLIER, IMPRIMEUR DE LA SOCIÉTÉ
D'AGRICULTURE, RUE DU BAYLE, 10.

1874

PROPAGATION DU PHYLLOXERA

Les travaux dont l'étude du Phylloxera a été l'objet, depuis plus de cinq ans, démontrent que cet insecte est nuisible à la vigne et qu'il est un de ses parasites les plus dangereux. Il fait pourrir les racines des ceps sur lesquels il se développe, et, sous cette influence, au bout d'un temps variable, tantôt court, tantôt long, la plante à l'état de culture s'étiole et finit par mourir.

Mais ces faits, s'ils prouvent que le Phylloxera peut être regardé comme la cause animée et visible de la maladie particulière qui sévit actuellement sur les vignes, n'empêchent pas de considérer sa grande multiplication et, par suite, sa diffusion, sans lesquelles il serait peu redoutable, comme le résultat de causes diverses, telles que les intempéries (sécheresses prolongées, grandes humidités, gelées tardives et froids excessifs, etc.), les sols pauvres ou de mauvaise nature, les cultures vicieuses, qui nuisent à la végétation de la vigne et abrégent la durée de sa vie.

En remontant même à la période initiale de la maladie, ne faut-il pas concevoir le Phylloxera comme vivant sur la vigne dont il se nourrit, mais sans la faire périr, et ne devenant destructeur pour elle que sous l'influence des causes qui lui permettent de se multiplier à l'excès ?

Le Phylloxera est donc une cause directe de destruction pour la vigne ; mais, d'autre part, sa grande multiplication est l'effet des causes générales qui, depuis
quelques années, l'ont fait reconnaître simultanément sur
divers points des vignobles de l'Europe.

Si l'on considère le plus important de ces points,
celui du vignoble de Roquemaure (plateau du Pujaut),
dans le bas Rhône, d'où sa diffusion a été la plus
grande, on voit le Phylloxera se propager à la fois à de
grandes distances, par bonds de 20, 30, 40 kilomètres
et même plus (1), et de proche en proche, par contact
d'un cep à l'autre. Entre ces extrêmes, il lance des co-
lonies plus ou moins rapprochées et dans toutes les direc-
tions ; mais quelle que soit la manière dont il se répand,
on lui voit suivre des règles constantes dans ses allures.

Ainsi, quand le Phylloxera fait son apparition dans
un canton viticole, il ne s'établit d'abord que sur certains points isolés, se bornant à un petit nombre de
ceps. Or, ces points isolés sont toujours placés sur quel-
que partie faible de la vigne attaquée, et particulièrement sur ceux qui subissent avec le plus d'intensité les effets de l'extrême sécheresse et de l'extrême humidité (2).

(1) Exemples : le point d'attaque de Saulce, entre Montélimar et
Valence, à 17 kilomètres au Nord de Montélimar, reconnu en
1868, au sommet d'un coteau aride ; celui de Redessan, dans le
Gard, entre Nimes et Beaucaire, reconnu en 1869 ; celui de Coulondres, dans l'Hérault, reconnu en 1869, etc., etc.

(2) Exemples : les plateaux de Pujaut, en cailloux roulés, très-
arides, sur une couche d'argile ; les terrains de la Crau, qui sont
dans le même cas ; plus près de Montpellier, le point d'attaque de

Au début, le Phylloxera n'attaque pas les surfaces, ce n'est que plus tard, lorsque, à la suite de circonstances favorables, il s'est multiplié sur les points de son apparition et qu'il les a agrandis, qu'il s'étend à d'autres points caractérisés comme les premiers, mais d'une manière moins tranchée, parce qu'ils sont plus nombreux, et ensuite aux surfaces. Sa multiplication, à ce moment, est telle qu'il finit par envahir toutes les vignes à proximité.

Selon l'année et l'état de la température, les progrès de l'invasion sont plus ou moins grands : lents quand la vigne végète bien, comme en 1870 et 1872; rapides quand la vigne végète mal, comme en 1868 et 1873, sous l'influence de nombreuses intempéries et de grandes sécheresses.

Les vignes des terrains les plus exposés à l'action des intempéries, et particulièrement à celle des sécheresses, des humidités prolongées et des gelées de Printemps, sont les plus ravagées par le Phylloxera, et généralement attaquées les premières.

L'influence des terrains et de la culture paraît même décisive sur la durée des vignes attaquées. Si elles

Redessan, petite dépression circulaire sur un poudingue argileux, imperméable; le point d'attaque de Coulondres, à Saint-Gély-du-Fesq, dans un terrain infiltré par des eaux de source; le point de Soriech, sur la route de Pérols, dans le fond d'un petit étang desséché, où séjournent des eaux stagnantes dans les Hivers pluvieux; le point d'attaque du domaine de Las-Sorres, au point bas infiltré par les eaux d'un ruisseau, après les pluies d'Hiver; le point de Saint-Martin, à Fabrègues, dans un sol marneux, infiltré par les eaux d'un plateau supérieur, etc., etc.

meurent assez vite dans les sols très-secs et presque sté-
riles, compactes ou imperméables, on les voit résister
dans ceux qui, par leur nature, se ressuient vite et
qui, facilement pénétrés par l'air et l'eau, ne sont pas
sujets aux sécheresses. Il y a même des sols où la durée
des vignes malades se prolonge, puisqu'il en existe encore des surfaces en culture d'une certaine importance
(20 hectares), chez M. Pieyre, près de Tarascon,
quoiqu'elles soient attaquées du Phylloxera depuis l'année
1868.

La culture, avec sa taille annuelle et les mutilations
répétées auxquelles on soumet la vigne pour la forcer à
donner des fruits volumineux, savoureux et sucrés,
exerce sur elle une action directe, favorable à la multiplication du Phylloxera. Ainsi, comme je l'ai constaté
dès l'année 1868-1869, les vignes sauvages et celles
qui croissent spontanément dans les terrains incultes,
ou n'ont pas le Phylloxera, ou ne paraissent pas en
souffrir, quoiqu'elles soient à proximité de vignes cul-
tivées détruites par cet insecte, en totalité ou en partie,
par exemple dans la Crau.

Les treilles, moins ravalées par la taille que la vigne
en souche, et plantées, dans les cours des habitations,
en sol toujours ferme, où leurs racines s'étendent au
loin librement, souffrent peu ou point du Phylloxera.

En résumé, toutes les circonstances qui influent dé-
favorablement sur la végétation de la vigne et qui affaiblissent ce végétal, augmentent l'intensité des invasions
du Phylloxera et en aggravent les effets, de même que
celles qui tendent à débiliter la vigne, sans engendrer

toutefois un état maladif déterminé, la prédisposent à être attaquée de préférence.

J'ai déjà signalé à l'Académie, au mois de Janvier dernier, des vignes dont le développement s'est affaibli en 1872, sans autre cause apparente que leur proximité de points malades et sur lesquelles on ne pouvait trouver de Phylloxeras. En 1873, elles ont toutes été attaquées par cet insecte, mais d'une manière très-inégale. S'il y a eu dans ce fait une phase initiale de la maladie, elle n'est pas cependant suffisamment caractérisée, et me paraît rentrer dans la généralité des cas où une diminution de vigueur de la vigne la prédispose aux invasions des insectes. Il convient alors d'agir préventivement, comme je l'ai d'ailleurs conseillé depuis longtemps, afin de lutter contre la maladie par tous les moyens susceptibles de rendre à la vigne sa vigueur primitive.

Au point de vue pratique, les faits qui viennent d'être exposés promettent d'exercer sur l'invasion du Phylloxera une surveillance plus efficace, en faisant connaître d'avance les points faibles des vignobles par lesquels elle débute ordinairement, et ils conduisent à poursuivre, en même temps, la restauration de la vigne et la destruction de l'insecte, quand cette dernière est possible.

Préalablement la vigne peut être renforcée, avant d'être attaquée, par les moyens les plus énergiques et les plus durables, afin de la mettre en état de résister et de réagir contre le Phylloxera, ou de vivre et de fructifier plus tard, malgré ses attaques. En second

lieu, on peut chercher à détruire ce parasite directe
ment sans nuire à la vigne elle-même. Enfin, on peut
traiter les vignes préventivement et curativement tout
à la fois, par la combinaison des moyens les plus propres à défendre le système de leurs racines et à faire
périr les insectes, moyens dans lesquels l'application
des engrais et des substances propres à être absorbées par
les ceps joue le rôle principal.

Je reviendrai prochainement sur ce dernier sujet.

(Comptes rendus de l'Acad. des Sc., N° du 15 Décembre 1873).

RÉSULTATS DES EXPÉRIENCES

*Faites par la Commission de la maladie de la vigne
du département de l'Hérault*

J'ai l'honneur de présenter à l'Académie la brochure que vient de publier la Commission départementale de la maladie de la vigne du département de l'Hérault, afin de faire connaître les résultats qu'elle a obtenus jusqu'à présent de l'essai des nombreux procédés proposés pour concourir au prix de 20,000 fr., institué par le Ministère de l'Agriculture, en faveur de celui qui aura découvert, pour combattre la maladie caractérisée par le Phylloxera, un moyen pratique, efficace et applicable à la majorité des vignobles.

Ces essais, commencés en Avril et en Mai 1872, à Villeneuve-lez-Maguelone, sur une vigne trop gravement attaquée, ne datent réellement que du 6 juillet 1872, époque à laquelle ils furent établis dans une vigne du domaine de Las-Sorres, dans le voisinage immédiat de la ville de Montpellier. Cette vigne, déjà fort malade en 1872 (puisque son produit est descendu, de 175 hectolitres en 1870 et 1871, à 33 hectolitres en 1872), a été le siége principal des observations consignées dans le travail qui fait le sujet de cette note.

Cent quarante expériences différentes ont été faites

par le soin de la Commission. Au point de vue pratique, elles représentent l'ensemble de recherches le plus considérable et le plus varié qui ait encore été fait sur la maladie de la vigne et sur les moyens de combattre le Phylloxera.

Deux hommes de talent, MM. Jannenot et Durand, l'un et l'autre professeurs à l'École régionale d'Agriculture de Montpellier et adjoints à la Commission par le Ministre de l'Agriculture, ont organisé l'application des procédés à essayer avec un soin minutieux. Ils ont apporté à ces travaux, longs et difficiles, un zèle qui ne s'est jamais ralenti et qui doit leur mériter la reconnaissance des viticulteurs. C'est aux bonnes dispositions qui ont été adoptées par eux, autant qu'à une observation persévérante, que nous devons une méthode d'appréciation qui a permis, dans la limite de ce qui est possible, de classer les résultats obtenus et d'en tirer des conclusions.

M. Sahut, l'un des trois membres de la Commission de la Société d'Agriculture de l'Hérault, qui, en 1868, découvrit le Phylloxera dans les vignes du territoire de Saint-Remy, a bien voulu s'occuper spécialement, de concert avec MM. Jeannenot et Durand, du soin de comparer les ceps en expérience et de leur assigner un coefficient. Grâce à ce concours d'hommes habiles et dévoués, la Commission a pu mener à bien, jusqu'à présent, le grand travail que le Ministère de l'Agriculture lui a confié.

Si la question de la maladie de la vigne n'est pas encore résolue, et si les expériences continuent à Las-

Sorres, on est cependant en possession d'un ensemble
de faits dans lesquels la théorie et la pratique pourront
puiser d'utiles indications. Les résultats mentionnés pour
chaque procédé n'ont rien d'absolu; on doit les rapporter
aux conditions de sol et de climat dans lesquels ils ont
été obtenus, c'est-à-dire à un sol argilo-calcaire, profond
et perméable, entouré de deux ruisseaux et infiltré après
les grandes pluies; et à une année caractérisée par un
Hiver peu humide, si doux qu'il n'a pas gelé une seule
fois pendant sa durée; par un Printemps sec et froid, signalé par des gelées d'Avril désastreuses; par un Été et
un Automne dont les chaleurs excessives ont été ac-
compagnées de très-fortes sécheresses. D'autres conditions climatériques, un autre sol, peuvent changer et
modifier quelques-uns des résultats observés à Las-Sorres;
mais, dans leur ensemble, il ont une signification qui
n'échappera à personne.

La majeure partie des expériences n'est que l'application des procédés proposés par les concurrents, à me-
sure que la Commission en a eu connaissance. Il ne faut
donc pas chercher dans leur ensemble une méthode d'in-
vestigation guidée par une théorie. Sauf les essais faits
par la Commission sur quelques insecticides en 1872 et
en 1873, et sur quelques engrais en 1873, aucune
idée préconçue ne relie la série d'expériences dont les
vignes de Las-Sorres a été le sujet.

Cette particularité a ses inconvénients, en ce sens que
certains agents importants ont été oubliés ou mal es-
sayés; mais, d'un autre côté, comme elle présente
pêle-mêle les applications les plus disparates, elle per-

met de mieux juger, lorsque les effets s'accusent toujours dans la même direction, la voie dans laquelle il
faut s'engager pour obtenir pratiquement les résultats les
plus utiles.

Sous ce rapport, les expériences sont concluantes.
Déjà à la fin de 1872, la Commission avait pu constater,
soit à Villeneuve, soit à Las-Sorres, que, « sous l'influence des sels à base de potasse, ainsi que sous celle de
fortes fumures, la vigne malade reprend de la vigueur,
mais sans que pour cela le Phylloxera soit détruit. »
Elle signalait comme ayant donné quelques résultats :
le sulfure de potassium dissous dans du purin, le sulfure
de potassium dissous dans l'eau, le purin, le fumier de
ferme, les cendres, le sel ammoniac en solution aqueuse.
D'un autre côté, les agents exclusivement insecticides
n'avaient donné aucun résultat favorable.

En 1873, les expériences, continuées sur les mêmes
carrés par de nouvelles applications de matières, faites
pour la plupart pendant les mois de Février et Mars,
se sont caractérisées dans le même sens avec une telle
évidence qu'on ne saurait aujourd'hui méconnaître leur
signification. Nous les trouvons résumées dans les conclusions générales adoptées par tous les membres de la
Commission, à savoir « que les fumiers et les engrais,
surtout ceux riches en potasse et en matières azotées,
produisent quelques bons effets sur les vignes malades, »
mais surtout dans les tableaux qui reproduisent le résultat général des expériences, ainsi que l'état comparatif
de la végétation des ceps traités.

Trente-quatre procédés ont produit une amélioration

appréciable sur la vigne, et ils contiennent *tous* des engrais ou des agents considérés comme engrais.

Au premier rang sont : le sulfure de potassium dissous dans du purin ou dans des urines ; le mélange de sels alcalins sulfatisés des salines du Midi, avec du sulfate de fer et des tourteaux de colza ; le sulfure de potassium en grains ou en solution aqueuse ; la suie, le savon de potasse, le mélange de fumier, de cendres, de sel ammoniac ; les urines, les tourteaux, etc.

Neuf procédés ont donné des résultats nuisibles à la vigne. Dans ce cas, les agents employés sont : l'essence de térébenthine, le pétrole, les huiles lourdes du goudron de gaz, le sulfure de carbone, l'acide phénique concentré.

Les insecticides comme le goudron de gaz, l'huile de cade, l'acide phénique, ajoutés aux urines ou aux purins, n'ont pas augmenté leurs bons effets.

Les poisons, tels que les composés d'arsenic à l'état de sulfure et d'acide arsénieux, n'ont donné aucun résultat. Le Phylloxera s'est maintenu dans tous les carrés expérimentés, malgré l'emploi des insecticides les plus violents.

Leur application a donc échoué jusqu'à présent, tandis que l'emploi des engrais riches en sels de potasse et en matières azotées a donné de bons résultats (1).

Tel est le résultat général. A mon sens, il prouve

(1) Tous les sels de potasse employés ont donné des résultats favorables ; par exemple, le manganate de potasse, qui figure dans les essais, en même temps que les sulfures, les sulfates, les chlorures potassiques.

d'abord la nécessité de l'engrais pour combattre la maladie caractérisée par le Phylloxera, c'est-à-dire des agents dont se nourrit la vigne et qui sont particulièrement absorbés par elle.

Le maximum d'effet est atteint lorsque les sels de potasse et les matières riches en azote sont déposés ensemble au pied de la vigne, comme on le voit pour le mélange de sulfure de potassium et d'urine, pour celui de sels alcalins sulfatisés et de tourteaux de colza. De ces résultats ne pourrait-on pas déduire le succès, à peu près certain, d'un mélange de sel potassique et de sel ammoniacal ou de guauo, ou de matières très-azotées facilement décomposables ?

Ajoutons que, si les matières potassiques et azotées sont, dans la plupart des sols où la vigne est cultivée, les substances qui agissent sur elle avec le plus d'énergie lorsqu'elle est attaquée du Phylloxera, cette action paraît encore plus spéciale quand elles sont à l'état de sulfure.

Si les insecticides, qui forment la majeure partie des cent quarante procédés appliqués à Las-Sorres, ont donné des résultats nuls ou nuisibles, c'est que jusqu'à présent aucun d'eux n'a pu être mis en usage de manière à détruire entièrement le Phylloxera, sans nuire à la vigne. Pour en obtenir d'utiles résultats, il me paraît nécessaire de leur donner une action durable et de les constituer eux-mêmes à l'état d'engrais (par exemple le savon de potasse), afin d'aider à la reconstitution des racines, en même temps qu'à l'alimentation de la plante.

C'est pour cette raison que, tout en constatant les

mauvais résultats des moyens exclusivement insecticides, j'insisterai, comme dans mes précédentes commu-
nications, pour qu'on ne les abandonne pas et pour
qu'ils restent à l'étude, en même temps que les moyens
culturaux et de concert avec eux.

Un fait très-remarquable, c'est que, malgré les intempéries de l'année 1875 et malgré l'énorme multiplication du Phylloxera qui en a été la conséquence, les procédés dont l'application a donné des effets utiles en 1872
ont continué à les produire encore à la seconde année de
leur emploi. Aussi, à la fin de 1873, les ceps sur lesquels
ils ont été expérimentés sont-ils plus vigoureux qu'à la fin
de 1872. Ainsi, sous l'influence du sulfure de potassium et du purin, les ceps se sont renforcés, ils ont
refait de nouvelles racines, poussé de gros sarments et
bien mûri leurs fruits ; ils se rapprochent progressive-
ment d'un état normal, tandis qu'autour d'eux, ceux
qui n'ont pas été traités s'affaiblissent de plus en plus et
paraissent devoir périr. N'est-il pas permis de croire que
l'emploi préventif des mêmes moyens donnera d'utiles
résultats ? Car il est plus facile de conserver en bonne
végétation un cep encore intact, que lorsqu'il a perdu
une grande partie de ses racines.

De pareils faits autorisent à croire que l'emploi judicieux
des engrais, aidés par les agents les plus propres à dé-
velopper leur action, permettra, sinon d'empêcher, au
moins de diminuer les ravages du Phylloxera et de prolonger utilement la durée des vignes attaquées. On pourra
en même temps poursuivre l'insecte par les moyens les
plus pratiques qui restent encore à l'étude, et former

alors une méthode complète de préservation et de gué-
rison. Aujourd'hui le premier pas est fait, ainsi que le
démontrent les expériences faites à Las-Sorres.

Pour le moment, c'est aux engrais et aux meilleurs
procédés culturaux, dont les bons effets sont manifes-
tes, que recourent les praticiens, quelles que soient
d'ailleurs leurs idées théoriques. Aussi, voit-on les par-
tisans les plus déclarés des insecticides les abandonner
dans la pratique et suivre l'exemple général, en cou-
vrant leurs vignes de sels potassiques, de tourteaux,
de graines oléagineuses et d'engrais de toutes sortes. Si
les vignes périssent, le sol profitera toujours des matières fertilisantes qu'il aura reçues.

SUR

LA MALADIE DE LA VIGNE

Caractérisée par le PHYLLOXERA

(Année 1872 dans l'Hérault).

L'année 1872 est remarquable, sous plus d'un rapport, dans l'histoire de la maladie de la vigne, caractérisée par le Phylloxera. Comme résultat, elle n'a pas justifié les craintes qu'inspirait cette maladie.

Depuis quatre ans, au moins, qu'elle est dans le département de l'Hérault, elle semble avoir perdu ses allures violentes, et si de nouveaux points d'attaque ont été observés çà et là, d'abord dans les terrains situés entre Lunel et Montpellier, et ensuite entre Montpellier et le cours de l'Hérault, aucune invasion générale, semblable à celles qui ont ravagé les vignobles de la rive gauche du Rhône, ne s'était encore manifestée.

Non-seulement cette lenteur des progrès de la maladie permet de mieux l'étudier, mais elle accuse encore l'action de causes générales, qui tendent à en restreindre les dommages et la propagation.

Dans l'Hérault, ces causes me paraissent tenir à la nature plus perméable et plus fertile du sol, à la pratique générale du soufrage, à un mode de culture plus énergique et plus perfectionné.

2

L'étude des moyens propres à combattre la maladie n'a pas amené de découverte nouvelle, mais elle a jeté quelques lumières sur divers points de la question. Si elle a confirmé les résultats favorables obtenus au moyen de la submersion prolongée, pratiquée par M. Faucon, et si l'action des engrais riches et des cultures soignées, pour faire réagir la vigne et en prolonger la durée, a été mise hors de doute, il faut signaler aussi le peu de succès dont l'emploi des moyens insecticides, sur lequel on comptait cependant beaucoup, a été généralement suivi. Parmi ces agents, les solutions d'acide phénique tiennent le premier rang ; malgré leur emploi au titre de 1 et 2 pour 100 d'acide, et à la dose de 10 à 20 litres par souche, ce qui exige de 45,000 à 90,000 litres de liquide par hectare, le Phylloxera n'en est pas moins resté dans les vignes traitées, et l'état de ces dernières s'est peu amélioré.

Les espérances, fondées sur l'application des moyens susceptibles de détruire directement l'insecte, ne s'étant point réalisées, on se rejette généralement vers les moyens culturaux, et c'est de ce côté qu'est tournée, en ce moment, l'attention des praticiens.

Le peu de succès des agents exclusivement insecticides ne m'étonne pas, et je l'avais prévu dès 1868. Il en est de même de la préférence qu'on donne aux moyens culturaux, tels que les engrais, les défoncements, les labours, les drainages, les soufrages, etc. Cependant, je ne pense pas qu'il faille condamner l'usage des insecticides ; il me paraît préférable, en recherchant ceux d'entre eux qui s'adaptent le mieux aux applications agronomiques, d'en combiner l'emploi avec celui des moyens culturaux, qui ont toujours été les plus puissants quand il a fallu rendre aux végétaux de grande culture la vigueur nécessaire pour réagir contre les attaques des parasites.

C'est dans cet ordre d'idées que les résultats obtenus à Graveson, par M. Faucon, me paraissent devoir être classés. Dans sa méthode de traitement, l'emploi des engrais et la submersion du terrain par un courant d'eau limoneuse, sans cesse renouvelée, donnent à son procédé un caractère éminemment cultural.

Une observation importante, due aussi à M. Faucon, a été faite dans le courant de l'Été ; c'est la présence d'un grand nombre de Phylloxeras aptères et ailés, cheminant sur le sol aux heures chaudes de la journée. C'est donc à la surface et par la surface du sol que se fait, en grande partie, sinon en totalité, la diffusion de ces insectes, et l'on s'explique ainsi, d'une manière plus satisfaisante que par l'invasion souterraine, la rapidité avec laquelle ils se propagent dans certaines vignes.

Cette observation permet aussi de conclure que, lorsqu'on répand sur le sol, pendant la saison chaude, celle de la propagation du Phylloxera, des poussières qui lui sont nuisibles, on peut parvenir à en diminuer le nombre et à entraver ses invasions. C'est ce qui arrive quand on répand du soufre en poudre sur les vignes, pendant les jours chauds. Dans ce cas, cet agent devient capable de détruire les insectes à corps mou, comme certaines larves, tout en conservant, d'ailleurs, l'ensemble de ses propriétés si remarquables sur la végétation de la vigne. De cette manière, j'ai détruit plusieurs fois les invasions des larves d'Altise, au mois de Juin. On peut agir de même contre le Phylloxera.

Je me suis assuré, en effet, que les larves aptères de cet insecte périssent en peu de temps, quand elles sont exposées au soleil, dans un tube saupoudré de fleur de soufre. N'ayant pas eu de Phylloxera ailé à ma disposition, j'ignore comment il se conduit en pareil cas, mais il ne serait pas surprenant que le soufre et ses émanations lui fussent funestes pendant les jours chauds : c'est un fait intéressant à constater. On pourrait aussi détruire le Phylloxera sur le sol au moyen d'autres poussières, par exemple avec de la poudre de chaux vive ou de cendrailles de chaux nouvelles. Depuis plusieurs années, j'ai réussi par ce moyen à faire disparaître, aux mois de Mai et de Juin, sur des luzernes récemment fauchées, les larves du *Colaspis atra* et du *Phytonomus suspiciosus*, qui les dévoraient. Des soufrages fréquents me paraissent néanmoins préférables pour la vigne, parce qu'ils constituent l'un des moyens les plus énergiques pour stimuler sa végétation et la rétablir dans les sols suffisamment pourvus d'engrais et bien cultivés.

Les vignes étiolées, à racines pourries, attaquées par le Phylloxera, c'est-à-dire celles qui offrent les caractères complets de la maladie nouvelle, n'en sont pas moins en proie aux atteintes d'autres maladies et d'autres insectes : ainsi l'oïdium les attaque avec énergie et aggrave leur état. Le Gribouri (*Eumolpus vitis*. Latr.), qui ronge les racines et les pampres des ceps, s'y montre aussi en grand nombre. J'ai constaté à diverses reprises, sa présence sur des vignes fortement phylloxérées, dans les communes de Montpellier et de Fabrègues.

La Pyrale se jette aussi sur les vignes atteintes de Phylloxera. Le fait a été généralement observé dans tous les vignobles pyralés des communes de Montpellier, Pérols et Villeneuve.

Je crois devoir confirmer mes premières observations sur le rôle important que joue la nature du sol sur le développement de la maladie qui fait le sujet de cette note. Les sols infertiles, sans profondeur, placés sur des couches imperméables, les terrains tenaces et mouilleux, les bas-fonds où se rassemblent les eaux stagnantes, c'est-à-dire ceux où la vigne souffre à la fois de l'excès d'humidité en Hiver et de l'excès de sécheresse en Été, sont ceux où débute habituellement la maladie et où elle se propage avec le plus de rapidité. Les sols profonds, naturellement drainés et perméables, comme les terres discontinues, siliceuses et ferrugineuses, avec des éléments calcaires, signalées aussi par M. P. de Gasparin et si répandues dans l'Hérault, sont ceux où elle résiste le mieux.

En résumé, l'expérience a prouvé depuis cinq ans, que les meilleures conditions de la végétation de la vigne présentent aussi les meilleures conditions de résistances à la maladie, et que toutes les causes d'affaiblissement et de mauvaise végétation sont aussi pour les vignes, des causes qui déterminent les invasions du Phylloxera

la viticulture. Mais je dois ajouter que, tant qu'on n'aura pas mis en évidence un moyen pratique, sûr et éprouvé, de combattre et de circonscrire la maladie, beaucoup d'esprits observateurs et clairvoyants ne partageront pas complétement cette confiance.

Instruction pratique pour le traitement des vignes malades.

Comme conclusion pratique, les moyens qui me paraissent les plus propres à combattre la maladie de la vigne, sont l'emploi des engrais ordinaires (fumiers de ferme à forte dose), soit en couverture, soit au pied des souches déchaussées; des tourteaux de colza, de sésame, d'arachide, de ricin, etc., à la dose de 2,000 à 3,000 kil. par hectare, moulus et répandus à la volée, en Février ou Mars, et même en Avril;

Des engrais qui jouissent aussi de propriétés insecticides, tels que la suie, les mélanges de substances goudronneuses, de chaux, sels, soufre, sulfate de fer, etc.

Des matières les plus fertilisantes, comme le purin, les solutions de nitrate de potasse, de nitrate d'ammoniaque, de sulfate d'ammoniaque (engrais chimiques), etc.;

Des soufrages réitérés de la fin d'Avril au 15 Août, de manière à pratiquer de quatre à cinq opérations, si cela est nécessaire.

Les cultures soignées sont indispensables et comportent, de Février en Août, trois ou quatre labours, selon l'état du sol.

Enfin, le drainage, partout où il pourra être utilement pratiqué, améliorera les conditions de résistance de la vigne.

En somme, rendre le sol aussi perméable que possible, bien fumer, bien soufrer et bien cultiver, tout en inquiétant et en poursuivant les insectes par les moyens les plus connus et les plus pratiques. Cet ensemble de moyens, s'il ne donne point partout des résultats infaillibles, prolongera au moins la durée de la vigne, et laissera au sol des éléments de fertilité qui ne seront point perdus.

H. MARÈS.

5 Février 1873.

www.ingramcontent.com/pod-product-compliance
Lightning Source LLC
LaVergne TN
LVHW012129170726
843501LV00008BC/3095